数控车床维修及检测
实训指导书

SHUKONG CHECHUANG WEIXIU JI JIANCE
SHIXUN ZHIDAOSHU

陈鸿叔　主　编

沈　旭　马纪孝　副主编

浙江工商大学出版社
ZHEJIANG GONGSHANG UNIVERSITY PRESS

图书在版编目(CIP)数据

数控车床维修及检测实训指导书 / 陈鸿叔主编.
—杭州：浙江工商大学出版社，2014.6(2015.2 重印)
ISBN 978-7-5178-0518-2

Ⅰ. ①数… Ⅱ. ①陈… Ⅲ. ①数控机床－车床－维修
－中等专业学校－教学参考资料②数控机床－车床－检测
－中等专业学校－教学参考资料 Ⅳ. ①TG519.1

中国版本图书馆 CIP 数据核字(2014)第 138068 号

数控车床维修及检测实训指导书书

陈鸿叔 主 编 沈 旭 马纪孝 副主编

策划编辑	谭娟娟
责任编辑	谭娟娟 王玲娜 刘 韵
封面设计	王妤驰
责任印制	包建辉
出版发行	浙江工商大学出版社
	(杭州市教工路 198 号 邮政编码 310012)
	(E-mail:zjgsupress@163.com)
	(网址:http://www.zjgsupress.com)
	电话:0571－88904980,88831806(传真)
排 版	杭州朝曦图文设计有限公司
印 刷	绍兴虎彩激光材料科技有限公司
开 本	787mm×1092mm 1/16
印 张	4.5
字 数	104 千
版印次	2014 年 6 月第 1 版 2015 年 2 月第 2 次印刷
书 号	ISBN 978-7-5178-0518-2
定 价	18.00 元

《数控车床维修及检测实训指导书》编委会

主　　编　陈鸿叔

副主编　沈　旭　马纪孝

编　　委　陈鸿叔　沈　旭　马纪孝　黄哲焕

目　录

项目一　数控系统简介与连接

任务一　数控综合实验台的常用零件介绍 ……………………………………………… 1
任务二　数控综合实验台的部件认识 ……………………………………………………… 9
任务三　华中数控维修实验台的连接 …………………………………………………… 11

项目二　华中数控系统车床编程实训

任务　华中数控系统车床编程实训 ……………………………………………………… 15

项目三　参数备份与恢复实训

任务一　数控系统参数设置 ………………………………………………………………… 18
任务二　数控系统参数调整 ………………………………………………………………… 20

项目四　数控机床主轴变频器使用及主要参数配置实训

任务一　变频器的使用 ……………………………………………………………………… 24
任务二　变频器的控制方式 ………………………………………………………………… 33

项目五　华中数控主轴驱动系统连接与故障诊断实训

任务一　变频器智能端口的使用 …………………………………………………………… 35
任务二　通过变频器控制时电动机所表现出的特性 …………………………………… 38
任务三　变频器的初始化及参数设置 …………………………………………………… 41

项目六　步进驱动系统连接、性能测定及故障分析

任务一　步进驱动系统连接及参数设定调试 …………………………………………… 51

任务二　测定步进电动机的步距角 ··· 55

任务三　测定步进电动机的空载启动频率 ··· 57

任务四　步进驱动器装置的几种故障设置 ··· 59

项目七　华中数控交流伺服驱动系统连接、调试及故障分析

任务一　世纪星 HNC-21TF 配伺服驱动的参数设置 ································ 61

任务二　伺服驱动器的调节 ··· 63

任务三　交流伺服驱动器的部分故障设置 ··· 65

项目一 数控系统简介与连接

任务一 数控综合实验台的常用零件介绍

一、实训目的

（1）了解实验台组成的零部件及其功能。

（2）写出各个部件的接口及每个接口的功能。

二、实训设备

数控综合实验台1台。

三、实训步骤

华中数控实验台常用电气元件。

1.低压断路器

低压断路器又称为自动空气开关，是一种将控制和保护的功能合为一体的电器。它常作为不频繁接通和断开的电路的总电源开关或部分电路的电源开关，当发生过载、短路或欠压等故障时能自动切断电路，有效地保护串接在它后面的电器设备，并且在切断故障电流后一般不需要更换零部件。

（1）塑料外壳式断路器。

塑料外壳式断路器由手柄、操作机构、脱扣装置、灭弧装置及触头系统组成，均安装在塑料外壳内构成一体，如图1-1所示。

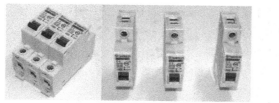

图1-1 塑料外壳式断路器外形图、电气图形及文字符号

断路器可以作为配电、电动机的过载及短路保护设备，亦可作为线路不频繁转换及电动机不频繁启动之用。

（2）小型断路器。

小型断路器可作为过载、短路保护,同时也可以在正常情况下不频繁的通断电器装置和照明线路,如图 1-2 所示。

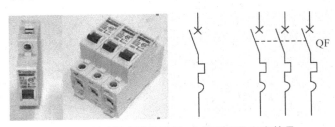

图 1-2 小型断路器外形图、电气图形及文字符号

低压断路器的选择应考虑以下要求:

①低压断路器的额定电压应大于或等于线路、设备的正常工作电压;

②低压断路器的额定电流应大于或等于线路、设备的正常工作电流;

③低压断路器的极限通断能力应大于或等于线路的最大短路电流;

④欠电压脱扣器的额定电压等于线路的额定电压;

⑤过电流脱扣器的额定电流应该大于或等于线路的最大负载电流。

使用低压断路器实现短路保护要比使用熔断器优越,因为当电路短路时,若采用熔断器保护,很可能只有一相电源的熔断,造成缺相运行。对于低压断路器来说,短路都会使开关跳闸,所以会将三相电源同时切断。

2. 接触器

接触器是一种用来频繁地接通或分断电路的带有负载(如电动机)的自动控制电器。接触器由电磁机构、触点系统、灭弧装置及其他部件 4 部分组成。如图 1-3 和图 1-4 所示,其工作原理是当线圈通电后,铁芯产生电磁吸力将衔铁吸合。衔铁带动触点系统动作,使常闭触点断开,常开触点闭合。当线圈断电时,电磁吸力消失,衔铁在反作用弹簧力的作用下释放,触点系统随之复位。

图 1-3 交流接触器外形图

吸引线圈　　　　　常开触点　　　　　常闭触点

图 1-4 交流接触器电气图形及文字符号

按主触点通过电流的种类不同,接触器可分为直流、交流两种。机床上应用最多的是交流接触器。

（1）接触器的主要技术参数。

①额定电压。接触器铭牌上标注的额定电压是指主触点的额定电压。常用的额定电压等级如表 1-1 所示。

表 1-1　接触器的额定电压和额定电流的等级表

	直流接触器	交流接触器
额定电压/V	110,220,440,660	127,220,380,500,660
额定电流/A	5,10,20,40,60,100,150,250,400,600	5,10,20,40,60,100,150,250,400,600

②额定电流。接触器铭牌上标注的额定电流是指主触点的额定电流。常用的额定电流等级如表 1-1 所示。

③线圈的额定电压。常用的额定电压等级如表 1-2 所示。选用时一般交流负载用交流接触器，直流负载用直流接触器，但交流负载需频繁动作时可采用直流线圈的交流接触器。

表 1-2　接触器线圈的额定电压等级表

直流线圈额定电压/V	交流线圈额定电压/V
24,48,100,220,440	36,110,127,220,380

④接触和分断能力。该参数是指接触器主触点在规定条件下能可靠地接通和分断的电流值。在此电流值下，接触器接通时主触点不应发生熔焊；接触器分断时主触点不应发生长时间的燃弧。

⑤额定操作频率。该参数是指每小时的操作次数。交流接触器最高为 600 次/h，而直流接触器最高为 1 200 次/h。操作频率直接影响到接触器的使用寿命和灭弧罩的工作条件，对于交流接触器还影响到线圈的温升。表 1-3 所示为 CJX 系列交流接触器的规格及参数。

表 1-3　CJX 系列交流接触器的规格及参数

型号	额定绝缘电压/V	机械寿命/百万次	额定工作电流/A		可控电动机功率/kW		额定操作频率（次/h）		额定发热电流/A
					AC-3	AC-4			
			AC-3	AC-4	230V/400V/500V	690V/400V	AC-3	AC-4	
CJX-9	680	10	9	3.3	2.4/4/5.5	5.5/1.4	1 200	300	20
CJX-16	680	10	16	7.7	4/7.6/10	11/3.5	1 200	300	30
CJX-85	1 000	8	85	42	28/45/59	67/22	600	300	90
CJX-170	1 000	8	170	75	55/90/118	156/40	700	200	210
CJX-475	1 000	8	475	165	148/252/342	432/110	500	150	400

（2）交流接触器的选择。

①根据交流接触器所控制的工作任务来选择相应使用类别的型号；

②交流接触器的额定电压(指触点的额定电压)一般为 500V 或 380V 两种,要大于或等于负载电路的电压;

③如果负载为电动机,要根据功率和操作情况来确定接触器主触点电流等级;

④交流接触器线圈的电流种类和电压等级应与控制电路相同。

3.继电器

继电器是一种根据输入信号的变化接通或断开控制电路的电器。继电器的输入信号可以是电流、电压等电量,也可以是温度、速度等非电量,输出为相应的触点动作。

继电器的种类很多,按输入信号的性质分为电压继电器、电流继电器、时间继电器、温度继电器、速度继电器等;按工作原理可分为电磁式继电器、感应式继电器、电动式继电器、热继电器等。

(1)电磁式继电器。

电磁式继电器的结构和工作原理与电磁式接触器相似,也是由电磁机构、触点系统和释放弹簧等部分组成,如图 1-5 和 1-6 所示。根据外来信号(电压或电流)使衔铁产生闭合动作,从而带动触点动作,使控制电路接通或断开,实现控制电路的状态改变。但是,继电器的触点不能用来接通和分断负载电路。

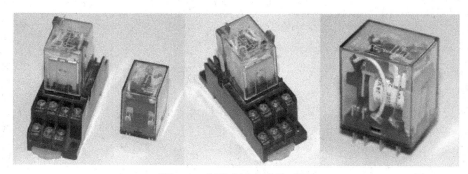

图 1-5　电磁式继电器外形图

吸引线圈　　　　　　　常开触点　　　　　　常闭触点

图 1-6　电磁式继电器电气图形及文字符号

由于电磁式继电器具有工作可靠、结构简单、制造方便、寿命长等一系列优点,其在数控车床电气控制系统中应用最为广泛。

电磁式继电器按吸引线圈电源种类不同,分为交流和直流两种;按功能不同分为电流继电器、电压继电器和中间继电器。

(2)时间继电器。

时间继电器是一种用来实现触点延时接通或断开的控制电器,按其动作原理与构造不同,可分为电磁式、空气阻尼式、电动式和晶体管式等类型,如图 1-7 所示。机床控制电路中应用较多的是空气阻尼式时间继电器,晶体管式时间继电器也获得愈来愈广泛的应用。数控机床中一般由计算机软件实现时间控制,而不采用时间继电器方式来进行时间控制。

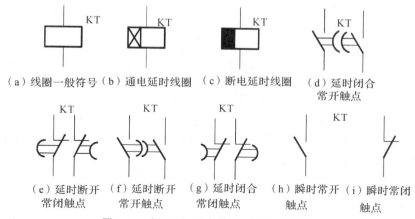

图 1-7 时间继电器电气图形及文字符号

(3)热继电器。

热继电器是一种利用电流热效应工作的保护电器,如图 1-8 和图 1-9 所示。热继电器由发热元件(电阻丝)、双金属片、传导部分和常闭触点组成。当电动机过载时,通过热继电器中发热元件的电流增加,使双金属片受热弯曲,带动常闭触点动作。热继电器用于电动机的长期过载保护。

图 1-8 热继电器外形图

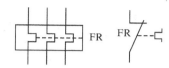

图 1-9 热继电器电气图形及文字符号

(4)固态继电器。

固态继电器是一种新发展起来的新型无触点继电器。固态继电器使用晶体管或可控硅代替常规继电器的触点开关,而在前级中与光电隔离器融为一体。因此,固态继电器实际上是一种带光电隔离器的无触点开关,如图 1-10 所示。

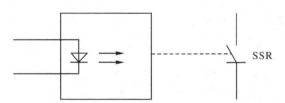

图 1-10 固态继电器电气图形及文字符号

电流继电器的选择应考虑以下要求：

(1)继电器的触点额定电压应大于或等于被控制电路的电压；

(2)继电器线圈额定电压应大于或等于被控制电路的电压；

(3)按控制电路的要求选择触点的类型和数量。

4.变压器

变压器是一种将某一数值的交流电压变换成频率相同但数值不同的交流电压的静止电器。

(1)机床控制变压器。

机床控制变压器适用于频率 50～60Hz、输入电压不超过交流 660V 的电路,常作为各类机床、机械设备中一般电器的控制电源和步进电动机驱动器、局部照明及指示灯的电源,如图 1-11 和图 1-12 所示。

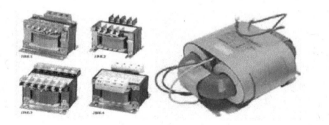

图 1-11 机床控制变压器外形图

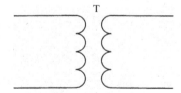

图 1-12 双绕组变压器电气图形及文字符号

(2)三相变压器。

在三相交流系统中,三相电压的变换可用 3 台单相变压器也可用 1 台三相变压器来实现。从经济性和缩小安装体积等方面考虑,可优先选择三相变压器。在数控机床中,三相变压器主要是给伺服驱动系统供电,如图 1-13 和图 1-14 所示。

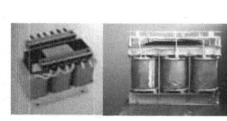

图 1-13 三相变压器外形图

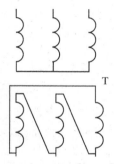

图 1-14 三相变压器电气图形及文字符号

变压器的选择主要是依据变压器的额定值,根据设备的需要,变压器有标准和非标准两类。以下是两类变压器的选择方法。

①标准变压器。根据实际情况选择初级(原边)额定电压 U_1(380V 或 220V),再选择次级额定电压(次级电压额定值是指初级加额定电压时,次级的空载输出,次级带有额定负载时输出电压下降 5%,因此选择输出额定电压时应略高于负载额定电压)。

根据实际负载情况,确定各次级绕组额定电流,一般绕组的额定输出电流应大于或等于额定负载电流。次级额定容量由总容量确定。总容量算法如下:

$$P_2 = U_2 I_2 + U_3 I_3 + U_4 I_4 + \cdots \tag{1-1}$$

②非标准变压器。设计时常常需要设计者根据要求确定变压器的规格,这种非标准变压器的选择如下:

选择初级额定电压 U_1(如 380V 或 220V),电源频率(如 50Hz),次级绕组电压、电流及总容量,其方法与标准变压器相同。初级、次级之间的屏蔽层根据要求选用,对有特殊要求的次级绕组,应提出耐压要求。对引出线端及排列有特殊要求的次绕组,应该用图示加以说明。对有防护等级要求及外形尺寸限制等其他条件的次级绕组,应与制造商协商解决。

变压器的选用除了要满足变压比之外,还要考虑变压器的性价比,优先选用变压档输出齐全的变压器,这样只用一个变压器就可以输出多电压档,能够同时满足控制电路、照明电路、标准电器等对电压的不同要求,这样一方面节约成本,另一方面节省了安装空间。

5.直流稳压电源

直流稳压电源的功能是将非稳定交流电源变成稳定直流电源,如图 1-15 和图 1-16 所示。

图 1-15 开关电源外形图

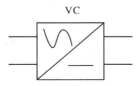

图 1-16 直流稳压电源电气图形及文字符号

在数控机床电气控制系统中,需要稳压电源给驱动器、控制单元、直流继电器、信号指示灯等提供直流电源。

6.熔断器

熔断器是一种广泛应用的最简单有效的保护电器。在使用时,熔断器串接在所保护的电路中,当电路发生短路或严重过载时,它的熔断体能自动迅速的熔断,从而切断电路,使导线和电气设备不致损坏。

熔断器主要由熔断体(俗称保险丝)和熔座(俗称保险座)两部分组成,如图 1-17 和图 1-18所示。

图 1-17　熔断器及熔断隔离器外形图

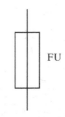

图 1-18　熔断器电气图形及文字符号

熔断器的选择应考虑以下要求:

(1)熔断器的额定电压应大于或等于线路的工作电压;

(2)熔断器的额定电流应大于或等于熔断体的额定电流。

7.开关电器

(1)行程开关。

行程开关是根据运动部件位置而切换电路的自动控制电器,用来控制运动部件的运动方向、行程大小或提供位置保护,如图 1-19 和图 1-20 所示。

图 1-19　行程开关外形图　　　　**图 1-20　行程开关电气图形及文字符号**

(2)接近开关。

接近开关是非接触式的监测装置,当运动着的物体接近它到一定距离范围内,就能发出信号。

从工作原理看,接近开关有高频振荡型、感应电桥型、霍尔效应型、光电型、永磁及磁敏元件型、电容型、超声波型等多类型,如图1-21和图1-22所示。

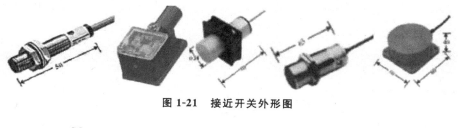

图1-21 接近开关外形图

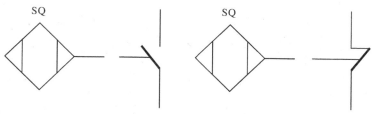

图1-22 接近开关电气图形及文字符号

四、实训总结

(1)实验台零部件及其功能。

(2)接口功能说明。

五、实训后感

学生后感	教师点评

任务二 数控综合实验台的部件认识

一、实训目的

(1)认识实验台组成的零部件及其功能。

(2)写出各个部件的接口及每个接口的功能。

二、实训设备

数控综合实验台1台。

三、实训步骤

1. 数控综合实验台各部件的认识

按照下面的提示,逐步找出实验台的各个部件,并对其相应功能进行简单的描述。

(1)数控系统。

数控综合实验台所使用的数控系统型号是_____;
该数控系统可以驱动的伺服系统类型有_____。

(2)输入输出装置。

输入输出装置中的输入端口板和输出继电器板有____位开关量输入端口。找出输出继电器板,每块输出继电器板集成____个单刀单投的继电器和____个双刀双投的继电器。继电器 KA1—KA8 由系统的输出信号____分别进行控制。继电器 KA9 有____个常开触点,____个常闭触点。

2. 实验台其他部件

对照实验台实物,分别指出下面各个部件,并对其功能和作用进行简单的描述,如表 1-4 所示。

表 1-4 实验台部件表

名称	型号	功能描述
变频器		
伺服驱动		
步进驱动		
光栅尺		
脉冲编码器		
断路器		
接触器		
继电器		
行程开关		
变压器		
直流稳压电源		
工作台		
电动刀架		
磁粉制动器		

3. 数控系统各接口的功能

对照实物,找出数控系统的各个功能接口,并对其功能进行简单描述,如表 1-5 所示。

表 1-5　数控系统接口表

接口代号	接口名称	接口功能说明
XSl	电源接口	
XS2	外接 PC 键盘接口	
XS3	以太网接口	
XS4	软驱接口	
XS5	RS232 接口	
XS6	远程 I/O 板接口	
XS7	USB	
XS8	手持单元接口	
XS9	主轴控制接口	
XS10—XS11	输入开关接口	
XS20—XS21	输出开关接口	
XS30—XS33	模拟、脉冲式进给轴控制接口	
XS40—XS43	HSV-11 型伺服轴控制接口	

四、实训总结

(1)实验台零部件及其功能。

(2)接口功能。

五、实训后感

学生后感	教师点评

任务三　华中数控维修实验台的连接

一、实训目的

(1)了解 HED-21TD 数控系统综合实验台各个组成部件的接口的含义。

(2)读懂电气原理图,通过电气原理图独立进行数控系统各部件之间的连接。

二、实训设备

(1)HED-21TD 数控系统综合实验台 1 台。

(2)专用连接线 1 套。

(3)万用表 1 只。

(4)扳手、起子等工具 1 套。

三、实训步骤

1. 数控系统的连接

在完成电源回路的连接后,继续进行数控系统的连接。

(1)数控系统继电器和输入、输出开关量的连接:

①连接数控系统的继电器和接触器;

②连接数控系统的输入开关;

③连接数控系统的输出开关。

(2)数控装置和手摇单元的连接:

①连接数控装置和手摇单元;

②连接数控装置和光栅尺。

(3)数控装置和变频主轴的连接:

①连接主轴变频器和主轴电动机强电电缆;

②连接数控装置和主轴变频器信号线;

③确保地线可靠且正确连接。

(4)数控装置和步进电动机驱动器的连接:

①连接步进电动机驱动器和步进电动机;

②连接步进电动机驱动器的电源;

③连接数控装置和步进电动机驱动器;

④确保地线可靠且正确地接地。

(5)数控装置和交流伺服的连接:

①连接交流伺服单元和交流伺服电动机的强电电缆和码盘信号线;

②连接交流伺服单元的电源;

③连接数控装置和交流伺服单元的信号线;

④确保地线可靠且正确接地。

(6)数控系统刀架电动机的连接。

连接刀架电动机。

2. 数控系统的电气调试

(1)线路检查。由强到弱,按线路走向顺序检查以下各项:

①变压器规格和进出线的方向和顺序;

②主轴电动机、伺服电动机强电电缆的相序;

③DC24V 电源极性的连接；

④步进电动机驱动器(或称步进驱动器)直流电源极性的连接；

⑤所有地线的连接。

(2)系统调试。

①通电。

A. 按下急停按钮,断开系统中所有空气开关。

B. 合上空气开关 QF1。

C. 检查变压器 TC1 电压是否正常。

D. 合上控制电源 DC24V 的空气开关 QF4,检查 DC24V 是否正常；HNC-21TF 数控装置通电,检查面板上的指示灯是否点亮,HC5301-8 开关接线端口和 HC5301-R 继电器板的电源指示灯是否点亮。

E. 用万用表测量步进驱动器直流电源＋V 和 GND 两脚之间电压(应为 DC＋35V 左右),合上控制步进驱动器直流电源的空气开关 QF3。

F. 合上空气开关 QF2。

G. 检查变压器 TCI 的电压是否正常。

H. 检查设备用到的其他部分电源的电压是否正常。

I. 通过查看 PLC 状态,检查输入开关量是否和原理图一致。

②系统功能检查。

A. 左旋并拔起操作台右上角的"急停"按钮,使系统复位；系统默认进入"手动"方式,软件操作界面的工作方式变为"手动"。

B. 按住"＋X"或"－X"键(指示灯亮),X 轴应产生正向或负向的连续移动。松开"＋X"或"－X"键(指示灯灭),X 轴即减速运动后停止。以同样的操作方法使用"＋Z""－Z"键可使 Z 轴产生正向或负向的连续移动。

C. 在手动工作方式下,分别点动 X 轴、Z 轴,使之压限位开关。仔细观察它们是否能压到限位开关,若到位后压不到限位开关,应立即停止点动；若压到限位开关,仔细观察轴是否立即停止运动,软件操作界面是否出现急停报警,这时一直按压"超程解除"按键,使该轴向相反方向退出超程状态；然后松开"超程解除"按键,若显示屏上运行状态栏"运行正常"取代了"出错",表示恢复正常,可以继续操作。

检查完 X 轴和 Z 轴正、负限位开关后,以手动方式将工作台移回中间位置。

D. 按一下"回零"键,软件操作界面的工作方式变为"回零"。按一下"＋X"和"＋Z"键,检查 X 轴、Z 轴是否回参考点。回参考点后,"＋X"和"＋Z"指示灯应点亮。

E. 在手动工作方式下,按一下"主轴正转"键(指示灯亮),主轴电动机以参数设定的转速正转,检查主轴电动机是否运转正常；按住"主轴停止"键,使主轴停止正转。按一下"主轴反转"键(指示灯亮),主轴电动机以参数设定的转速反转,检查主轴电动机是否运转正常；按住"主轴停止"键,使主轴停止反转。

F. 在手动工作方式下,按一下"刀号选择"键,选择所需的刀号,再按一下"刀位转换"键,转塔刀架应转动到所选的刀位。

G. 调入一个演示程序,自动运行程序,观察十字工作台的运行情况。

③关机。

A. 按下控制面板上的"急停"按钮。

B. 断开空气开关 QF2,QF3。

C. 断开空气开关 QF4。

D. 断开空气开关 QF1,断开 380V 电源。

四、实训总结

(1)读懂电器原理图。

(2)连接各个零部件接口。

五、实训后感

学生后感	教师点评

项目二　华中数控系统车床编程实训

任务　华中数控系统车床编程实训

一、实训项目

(1) 了解数控机床坐标系概念。

(2) 学会编写华中数控系统车床编程语言。

(3) 结合工件图纸编写正确的加工程序。

二、实训设备

(1) 仿真软件一套。

(2) 华中数控系统的数控车床一台。

三、实训步骤

1. 准备功能（表 2-1）

表 2-1　准备功能一览表

G 代码	组	功能	参数（后续地址字）
G00		快速定位	X,Z
G01	01	直线插补	同上
G02		顺圆插补	X,Z,I,K,R
G03		逆圆插补	同上
G04	00	暂停	P
G20	08	英寸输入	
G21		毫米输入	
G28	00	返回到参考点	X,Z
G29		由参考点返回	同上
G32	01	螺纹切削	X,Z,R,E,P,F
G36	16	直线编程	
G37		半径编程	
G40	09	刀尖半径补偿取消	D
G41		左刀具补偿	

续　表

G 代码	组	功能	参数(后续地址字)
G42 G53	00	右刀具补偿 直接机床坐标系编程	D
G54 G55 G56 G57 G58 G59	11	坐标系选择 坐标系选择 坐标系选择 坐标系选择 坐标系选择 坐标系选择	
G71 G72 G73 G76	06	外径/内径车削复合循环 端面车削复合循环 闭环车削复合循环 螺纹切削复合循环	X,Z,U,W,C,P,Q,R,E
▲G80 G81 G82	01	外径/内径车削固定循环 端面车削固定循环 螺纹切削固定循环	X,Z,I,K,C,P,R,E
G90 G91	13	绝对值编程 增量值编程	
G92	00	工件坐标系设定	X,Z
▲G94 G95	14	每分钟进给 每转进给	
▲G96 G97		恒线速度有效 取消恒线速度	S

2.仿真编程练习实例

如图 2-1 所示的数据编程如下:

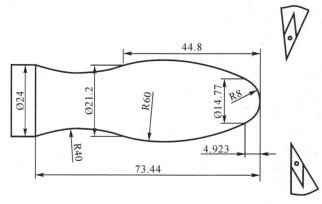

图 2-1　仿真编程图

％3110(主程序程序名)

N1　G92　X16　Z1(设立坐标系,定义对刀点的位置)

N2　G37　G00　Z0　M03(移到子程序起点处,主轴正转)

N3　M98　P0003　L6(调用子程序,并循环 6 次)

N4 G00 X16 Z1(返回对刀点)

N5 G36(取消半径编程)

N6 M05(主轴停)

N7 M30(主程序结束并复位)

％0003(子程序名)

N1 G01 U-12 F100(进刀到切削起点处,注意留下后面切削的余量)

N2 G03 U7.385 W-4.923 R8(加工 R8 圆弧段)

N3 U3.215 W-39.877 R60(加工 R60 圆弧段)

N4 G02 U1.4 W-28.636 R40(加工切 R40 圆弧段)

N5 G00 U4(离开已加工表面)

N6 W73.436(回到循环起点 Z 轴处)

N7 G01 U-4.8 F100(调整每次循环的切削量)

N8 M99(子程序结束,并回到主程序)

四、实训总结

(1)能看懂编写的程序。

(2)会编写一般加工程序。

五、实训后感

学生后感	教师点评

项目三　参数备份与恢复实训

任务一　数控系统参数设置

一、实训目的

(1)学会运用参数备份与恢复。

(2)学会进行参数修改。

(3)写出局部参数的含义。

二、实训设备

(1)数控综合实验台1台。

(2)万用表1只,2mm一字起子1把。

(3)PC键盘1个。

三、实训步骤

1.参数的备份

在修改参数前必须进行备份,防止系统调乱后不能恢复。

(1)将系统菜单调至辅助菜单目录下,系统菜单显示如图3-1所示。

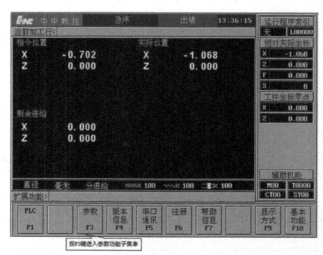

图3-1　辅助菜单目录

（2）选择参数的选项 F3，然后输入密码，系统菜单显示如图 3-2 所示。

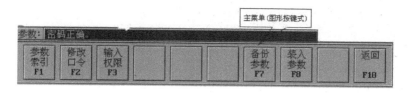

图 3-2　系统菜单显示图

（3）此时选择功能键 F8，系统显示如图 3-3 所示。输入文件名确认即可，文件名可以自己随意命名。这样整个参数备份过程完成。

图 3-3　系统菜单显示图

2.参数的恢复

首先执行参数备份的过程，然后选择功能键 F8（装入参数），选择事先备份的参数文件，确认后即可恢复。

注意：华中数控系统参数更改后一定要重新启动，修改的参数才能够起作用。

3.修改参数

根据教师要求，修改相应参数并填入下表中。

4.书写参数含义（查阅相关资料）

根据教师下发的任务写出相应参数的含义，填入下表中。

四、实训总结

(1)参数备份与恢复的操作步骤。

(2)参数修改。

(3)查阅相关资料读出参数的含义。

五、实训后感

学生后感	教师点评

任务二　数控系统参数调整

一、实训目的

(1)写出数控系统参数的含义及设置方法。

(2)了解参数设置对数控系统运行产生的作用及影响。

(3)能够正确设置系统常用参数。

二、实训设备

(1)数控综合实验台 1 台。

(2)万用表 1 只,2mm 一字起子 1 把。

(3)PC 键盘 1 个。

三、实训步骤

1.调节轴参数里面的各种时间常数

(1)轴运动时观察各个轴的变化。

(2)将系统显示切换至跟踪误差显示栏,观察在同一运行频率下系统跟踪误差的大小变化,并填入如表 3-1 所示。

表 3-1　时间常数比较

快移/加工加减速时间常数	快移/加工加减速捷度时间常数	进给速度 F(m/min)	跟踪误差(mm/min)
256	128	1	
128	64	1	
64	32	1	
32	16	1	
16	16	1	
8	8	1	
8	4	1	
4	4	1	

2.正确设置 X、Z 轴的正负极限

(1)先将机床进行回零操作,当界面机床坐标显示为零时,机床回零成功,如表 3-2 所示。

表 3-2　回零方式运作表

回零方式	运作过程	结　　论
1(+ 一)		
2(+ 一 +)		
3(内部方式)		

(2)在机床手动或是手摇模式下使机床轴运动至超程,记下此时机床坐标的轴位置,得出每个轴的正负行程。

(3)将所得的机床行程距离缩短 5~10mm,输入到机床参数。

(4)重新启动系统,回零后,运行机床,检验所设极限是否有效。

(5)改变机床回参考点的方式,观察不同回零方式下工作台不同的运作方式,并通过修改参点位置与参考点开关偏差来理解两者的不同含义。

3.设置参数,将 X、Z 进行互换,使工作台能够正常运行

(1)将轴参数中的伺服单元部件号 X 的改为 2,Z 轴改为 0。

(2)将硬件配置参数中的部件 0 的标识改为 45,配置零改为 48。

(3)将硬件配置参数中的部件 2 的标识改为 46,配置零改为 2。

(4)关机,将 X、Z 两指令线对调。

(5)重新启动系统运行,检查是否运行正常。

4.外部脉冲当量分子(μm)和外部脉冲当量分母

$$\frac{\text{外部脉冲当量分子}(\mu m)}{\text{外部脉冲当量分母}} = \frac{\text{电机每转动 1 圈机床移动距离或角度所对应的内部脉冲当量}}{10\ 000(\text{数字伺服和 11 型伺服})}$$

$$= \frac{\text{电机每转动 1 圈机床移动距离或角度所对应的内部脉冲当量}}{\text{电机每转动 1 圈反馈到数控装置的脉冲数}(\text{模拟伺服})}$$

$$=\frac{电机每转动1圈机床移动距离或角度所对应的内部脉冲当量}{数控装置所发脉冲数（脉冲伺服或步进单元）}$$

说明：两者的商为坐标轴的实际脉冲当量，即每个位置单位所对应的实际坐标轴移动的距离或旋转的角度，也就是系统电子齿轮比。移动轴外部脉冲当量分子的单位为 μm；旋转轴外部脉冲当量分子的单位为 0.001 度；外部脉冲当量分母无单位。通过设置外部当量分子和外部脉冲分母，可实现改变电子齿轮比的目的，也可通过改变电子齿轮比的符号，达到改变电机旋转方向的目的。

例：10 000 线编码器的伺服电机，丝杠为 6mm，齿轮减速比为 2：3。电机转一圈，机床运动 6mm×2/3＝4mm，即 4 000 个内部脉冲当量，4 000/10 000＝2/5。

所以，外部脉冲当量分子为 2，外部脉冲当量分母为 5（与分别设为 4 和 10 是等效的）。

四、参数设置的故障实验

故障实验内容如表 3-3 所示。

表 3-3　故障实验表

序号	故障设置方法	现象及分析	结论
1	将坐标轴参数中的轴类型分别设为 0—3，观察机床坐标轴运动坐标显示有什么现象		
2	将坐标轴参数中的外部脉冲当量的分子分母比值进行改动（增加或减少），观察机床坐标轴运动时有什么现象		
3	将坐标轴参数中的外部脉冲当量的分子或分母的符号进行改变（＋或－）		
4	将坐标轴参数中的正负软极限的符号设置错误（正软极限设为负值或负软极限设为正值）		
5	将坐标轴参数中的正负软极限的符号设置错误		
6	将坐标轴参数中的定位允差与最大跟踪误差的设置减小一半		
7	将坐标轴参数中的伺服单元型号设置错误		
8	将坐标轴参数中的伺服单元部件号设置错误		
9	将 Z 坐标轴参数中的伺服内部参数 P(1)，P(2) 的任一符号进行改动		
10	将部件 24 手摇的标识设置错误，观察手摇出现的现象		

五、实训总结

（1）写出系统常数参数并熟记。

（2）掌握参数修改。

（3）查阅相关资料读出参数的含义。

六、实训后感

学生后感	教师点评

项目四　数控机床主轴变频器使用及主要参数配置实训

任务一　变频器的使用

一、实训目的

(1)学会用变频器的操作面板。
(2)学会对变频器进行线路连接。
(3)学会设置变频器的基本参数。

二、实训设备

(1)数控综合实验台 1 台。
(2)万用表 1 只,2mm 一字起子 1 把。
(3)PC 键盘 1 个。

三、实训步骤

1.变频器接线端口及连接

(1)变频器电源及电机强电接线端口排列如图 4-1(a)所示,其说明如表 4-1 所示。

(2)变频器控制接线端口排列如图 4-1(b)所示,其说明如表 4-2 所示。

(a)主电路接线端口图

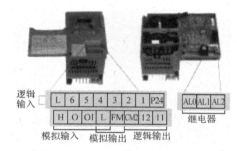

(b)控制电路接线端口图

图 4-1　接线端口图

表 4-1　主电路接线端子说明表

端子符号	端子名称	V		功　能
L1,L2,L3	L 电源输入原端口	接入主电流		
T1,T2,T3	变频器输出端口	连接电流		
+,+1	直流电流器连接端口	连接直流电流器以抑止噪音,提高功率因数		
+,-	外部再生制动单元连接端口	连接再生制动单元(选件),以获得所需制动力矩		
+,RB	外部制动电阻连接端口	连接再生制动电阻(选件),以获得所需制动力矩		
G ⏚	接地端口	接地(接地以防雷击)抑制噪音		

表 4-2　控制接线端子说明表

端子符号	信　号	端子名称	注　释
FM	输入监视信号	监视端口(频率、电流等)	PWM 输出
L		监视及频率命令公共端口	—
P24		智能输入端子公共端口	24DVC
6		智能输入端口	
5		正转命令(FW),反转命令(RV)	
4		多段进度命令 1—4(CF1—CF4),2 级加/减速(2CH),自由停车(FRS)	
3		外部跳闸(EXT),USP 功能(USP),寸动(JG),模拟量输入选择(AT)	
2		软件锁(SFT),复位(RS),初始化设定(STN),热敏保护(PTC)	
1		外部直流制动命令(DB),第二设定(SET),远程控制加/减速(UP/DOWN)	
H	频率命令	频率命令电源(10VDC)	—
O		频率命令输入端口(电压命令)(0—10VDC)	输入抗阻 10kΩ
OI		频率命令输入端口(电流命令)(4—20mADC)	输入抗阻 250Ω
L		频率命令公共端口	—
12	输出信号	智能输出端口,选择如下:	集电极开路输出动作(ON)时为低电率
11		运转(RUN),过载信号(OL)	
CM2		报警(AL),频率到达(FA1),设定频率到达(FA2)	

续 表

端子符号	信　号	端子名称	注　释
AL2	报警输出	报警输出端口：1C触点(继电器)输出　〈初始设定〉正常：AL0—AL1 闭合　异常、断电：AL0—AL2 闭合	触点额定值：· AC250V 2.5A(阻性负载) 0.2A(cosØ=0.4) · DC30V 3.0A(阻性负载) 0.7A(cosØ=0.4)
AL1			
AL0			

（3）变频器接线，如图 4-2 所示。

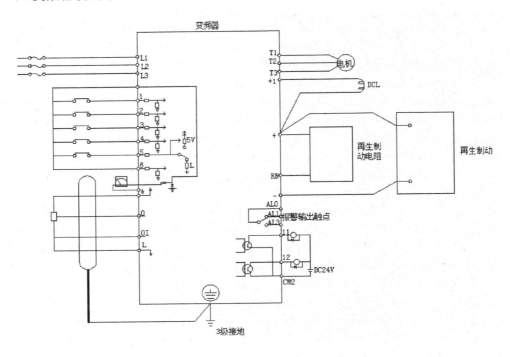

图 4-2　变频器接线图

2. SJ100 变频器面板操作

（1）面板定义。如图 4-3 所示为 SJ-100 变频器面板的按键说明图。

操作面板各个按键的作用定义如下。

运行/停止指示灯：当变频器输出驱动电动机时（运行模式）灯亮，而当变频器输出关闭时（停止模式）灯灭。

编辑/监视指示灯：当变频器已准备好进行参数编辑时（编辑模式）灯亮，而当参数显示器正在监视数据时（监视模式）灯灭。

运行允许指示灯：当变频器已准备好响应运行命令时灯亮，而运行指令不能执行时灯灭。

RUN 键：按此键可启动电动机，前提是变频器处在键盘控制方式下。

STOP/RESET 键:按此键可以停止电动机的运转,前提是变频器处在键盘控制方式下。此键同时可在跳闸后使报警器复位。

电位器:运行操作者在一定范围内选择输入一个与变频器输出频率相应的量程值。

电位器运行指示灯:当电位器运行输入量值时灯亮。

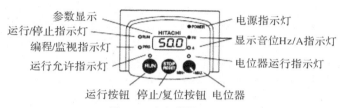

图 4-3　变频器操作面板

电源指示灯:当变频器通电时灯亮。

显示音位 Hz/A 指示灯:按"功能键"显示"d01",按"向下键"显示"H—",继续按"向下键"直至显示"A—",按"功能键"显示"A01",再按"功能键"显示"01",按"向下键"显示"00",电位器控制转速,按"储蓄键",电位器允许指示灯亮,按"向上键"显示"A02",按"功能键"显示"01",再按"向上键"显示"02",键盘操作,按"储蓄键",运行允许指示灯亮。

FUN(功能键):此键用于设置和监测参数时搜索参数和功能菜单。

⚠、⚠键:交替使用这两个键可以增大或减小参数值。

STR(存储键):当变频器处于编辑模式时,可以对变频器的修改参数进行保存。

(2)变频器键盘操作如图 4-4 所示。如图 4-5 至图 4-7 所示分别是参数和功能最基本的选择方式、设定最大频率和监视输出电流值的流程图。

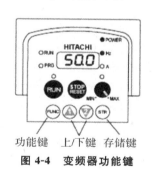

图 4-4　变频器功能键

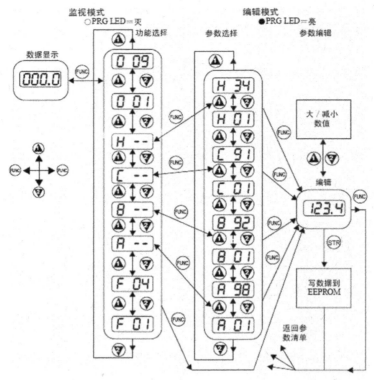

图 4-5 变频器的参数和功能图

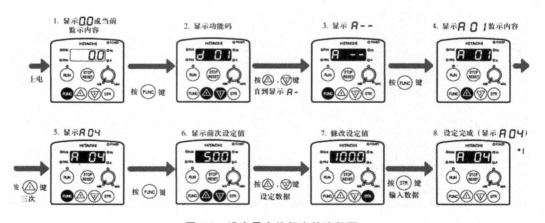

图 4-6 设定最大值频率的流程图

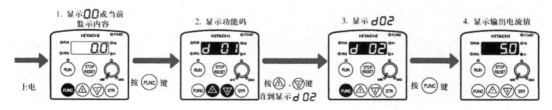

图 4-7 监视输出电流值的流程图

3.变频器常见功能参数

变频器常见功能参数很多,一般都有数十个甚至上百个参数供用户选择设定。在实际应用中,没必要对每一个参数都进行设置和调试,多数采用出厂设定值即可。但有些参数由于和实际使用情况有很大关系,且有的还相互关联,因此要根据实际进行设定和调试。

因各类型变频器功能有差异,而相同功能参数的名称也不一致,为叙述方便,本文以日立变频器的参数名称为例。由于各类型变频器参数区别并不是太大,有可能名称有区别,但是其功能基本一致,只要对一种变频器的参数熟悉精通以后,完全可以做到触类旁通。日立SJ-100变频器参数主要分为以下几组:

D组为监视功能参数,不论变频器处于运行或者停止模式,均可以使用本组参数来获取重要系统的参数值,如电机电流、输出频率、旋转方向等;

F组为主要常用参数,用来设定变频器的常用参数,如加减速时间常数、电机的输出频率、电机转向参数等;

A组为标准功能参数的设定,这些参数的设定直接影响到变频器输出的最基本的特性——电机的输出,如变频器控制方式的选择、输出最大频率的限定、控制特性的选择等;

B组为微调功能参数,可以调节变频器控制系统与电机匹配上的一些细微的功能,如重启的方式、报警功能的设置等;

C组为智能端口功能,对变频器所提供的智能端口功能进行定义,如主轴正反转、多段速度选择等功能端口的定义等;

H组为电机相关参数设置及无传感器矢量功能参数设置,可以设置电机的一些特征参数及采用无传感器矢量功能所需要的一些参数。

变频器详细参数列表见出厂时配套参数说明书。

4.基本参数设定

(1)控制方式设定(频率来源设定):A01。

—00:键盘电位器控制。

—01:控制端口。

—02:功能F01设定。

(2)运行选择(运行指令来源设定):A02。

—01:控制端子。

—02:数字操作器。

(3)基频设定:A03。

设置电机的运行基频,通常为50Hz或60Hz。

(4)最大频率设定:A04。

允许变频器输出的最大频率,默认为50Hz。

(5)电机电压等级选择:A82。

设置值范围:200—460V。

选择电机的额定电压,要根据电机的额定电压进行设置,另外此项功能还具有稳压的功能,可以在变频器电源电压出现较大波动时,保持输出电压不变。

(6)输出频率设定:F01。

确定电机恒定转速的频率。

(7)加速时间:F02。减速时间:F03。

加速时间是指输出频率从0上升到最大频率所需时间;减速时间是指从最大频率下降到0所需时间。通常用频率设定信号上升、下降来确定加减速时间。在电动机加速时须限制频率设定的上升率以防止过电流,减速时则限制下降率以防止过电压。

加速时间设定要求将加速电流限制在变频器过电流容量以下,不使过流失速而引起变频器跳闸;减速时间设定要点是防止平滑电路电压过大,不使再生过压失速而使变频器跳闸。加减速时间可根据负载计算出来,但在调试中常采取按负载和经验先设定较长加减速时间,通过起动、关停电动机观察有无过电流、过电压报警;然后将加减速设定时间逐渐缩短,以运转中不发生报警为原则,重复操作几次,便可确定出最佳加减速时间。

(8)电机转向设定:F004。

—00:正转。

—01:反转。

(9)频率上限设定:A061;频率下限设定:A062。

A061为设置小于最大频率(A04)的频率上限,从0.5~360.0Hz,0.0表示设置无效;大于0.1表示设置生效。

A062为设置大于0的频率下限,从0.5~360.0Hz,0.0表示设置无效;大于0.1表示设置生效。

频率限制是为防止误操作或外接频率设定信号源出故障,而引起输出频率的过高或过低,以防损坏设备的一种保护功能,在应用中按实际情况设定即可。此功能还可作限速使用,如有的皮带输送机,由于输送物料不太多,为减少机械和皮带的磨损,可采用变频器驱动,并将变频器上限频率设定为某一频率值,这样就可使皮带输送机运行在一个固定、较低的工作速度上。

(10)电机极数选择:H004。

有4种选择:2,4,6,8。

(11)自整定选择:H001,可以设定整定时电机运转或不运转。

—00:自整定关闭;

—01:自整定(旋转电机);

—02:自整定(不旋转,测量电机电阻和电感)。

(12)电机容量选择:H003。

9种选择:0.2,0.4,0.75,1.5,2.2,3.7,5.5,7.5,11。

(13)C参数、智能端口输入/输出的选择。

6个输入端口1,2,3,4,5,6可以配置成19种功能中的任意一个。

如表4-3和4-4所示配置这6个端口的方法。

表4-3中的功能代码可以把19个选项中的任意一个分配给6个逻辑输入之一。功能C01—C06分别配置端口1到端口6。

例如,要设置功能 C01＝00,可以分配选项 00(正向运转)给端口 1。

表4-3　C功能1

"C"功能			运行时	编辑默认值	
功能代码	名称	描述		EU/US	单位
C01	端口 1 功能	给端口 1 设定功能 (见下一节)	否	00	
C02	端口 2 功能	给端口 2 设定功能 (见下一节)	否	01/01	
C03	端口 3 功能	给端口 3 设定功能 (见下一节)	否	02/16	
C04	端口 4 功能	给端口 4 设定功能 (见下一节)	否	03/13	
C05	端口 5 功能	给端口 5 设定功能 (见下一节)	否	18/09	
C06	端口 6 功能	给端口 6 设定功能 (见下一节)	否	09/18	

表4-4　C功能2

"C"功能			运行时	编辑默认值	
功能代码	名称	描述		EU/US	单位
C11	端口 1 有效 状态	00…通常为高[NO] 01…通常为低[NC]	否 00		
C12	端口 2 有效 状态	00…通常为高[NO] 01…通常为低[NC]	否 00		
C13	端口 3 有效 状态	00…通常为高[NO] 01…通常为低[NC]	否 00		
C14	端口 4 有效 状态	00…通常为高[NO] 01…通常为低[NC]	否 00		
C15	端口 5 有效 状态	00…通常为高[NO] 01…通常为低[NC]	否 00		
C16	端口 6 有效 状态	00…通常为高[NO] 01…通常为低[NC]	否 00		

每一个输入端口的输入逻辑转换是可编程的,大多数输入端口的缺省值通常为低(即高电平有效),但也可以设置为高(即低电平有效),以便进行逻辑转换。

每一个智能输入端口都可以被分配如表4-5所示的任意一个选项。选项代码具有符号或缩写,用来标示使用该功能的端口。例如"正向运转"指令为[FWD]。

表 4-5 端口功能

选项代码	端口符号	功能名称		描述
00	FW	正向运转/停止	ON	变频器处于运行模式,电机正向运转
			OFF	变频器处于运行模式,电机停止
01	RV	反向运转/停止	ON	变频器处于运行模式,电视反向运转
			OFF	变频器处于运行模式,电机停止
02	CF1	多速度选择,第0位(最低位)	ON	二进制编码速度选择,第0位为逻辑1
			OFF	二进制编码速度选择,第0位为逻辑0
03	CF2	多速度选择,第1位	ON	二进制编码速度选择,第0位为逻辑1
			OFF	二进制编码速度选择,第0位为逻辑0
04	CF3	多速度选择,第2位	ON	二进制编码速度选择,第0位为逻辑1
			OFF	二进制编码速度选择,第0位为逻辑0
05	CF4	多速度选择,第3位(最低位)	ON	二进制编码速度选择,第0位为逻辑1
			OFF	二进制编码速度选择,第0位为逻辑0
06	JG	寸动	ON	变频器处于运行模式,电机在寸动参数频率下运转
			OFF	变频器处于停止模式
07	DB	外部直流制动	ON	减速时使用直流制动
			OFF	减速时不使用直流制动
08	SET	设定第2台电机	ON	变频器使用第2电机参数间电机输出
			OFF	变频器使用第1(主)电机参数向电机输出
09	2CH	两级加速和减速	ON	二进制编码速度选择,第0位为逻辑1
			OFF	二进制编码速度选择,第0位为逻辑0
11	FRS	自由运行停止	ON	关闭输出,允许电阻自由运转直到停止
			OFF	正常操作,控制电机减速到停止

(14)输出频率监视:D01为实时显示向电机输出的频率,从 0.0~360.0Hz。

(15)输出电流监视:D02为对向电机输出电流进行滤波后显示(内部滤波器时间常数为100ms)。

(16)电机转向监视:D03为3种不同的指示,"F"为正转,"Ⅱ"为停车,"RV"为反转。

四、实训总结

(1)理解变频器的作用。

(2)会修改变频器的参数。

五、实训后感

学生后感	教师点评

任务二　变频器的控制方式

一、实训目的

(1)学会修改变频器参数。

(2)学会运用变频器的连接线路。

二、实训设备

(1)数控综合实验台1台。

(2)万用表1只,2mm一字起子1把。

(3)PC键盘1个。

三、实训步骤

变频器的3种控制方式。

1. 面板控制

这种方式是通过变频器的操作键盘以及变频器本身提供的控制参数来对变频器进行控制。具体操作步骤如下:

(1)将参数A01设为"01",A02设为"02";

(2)改变参数F01(变频器频率给定)的参数值来增加或减小给定频率;

(3)完成上述步骤后,变频器已经进入待命状态,按"RUN"键,电动机运转;

(4)按"STOP/RESET"键,停止电动机;

(5)设置参数F04的参数值为"00"(正转)或"01"(反转)改变电动机的旋转方向;

(6)按"RUN"键,电动机运转,但方向已经改变。

2. 电位器控制

SJ-100日立变频器面板上配有调速电位器,可通过其旋钮来调节变频器所需要的指令电压,来控制变频器的输出频率,改变电机的运行速度。采用这种控制方式的具体操作步骤如下:

(1)将参数A01设为"00",A02设为"02",A04设为"60";

（2）通过调节电位器来控制电动机的运行转速,将电位器旋转一定的角度;

（3）按"RUN"键,这时电机应该可以旋转,通过改变电位器的旋转角度来改变变频器的输出频率,控制电机的旋转速度。

3.外部端口控制

这里用数控系统作为外部端口控制的上位控制器,变频器上的频率给定与运行指令给定都是利用数控系统进行控制。如图4-8所示为SJ-100变频器与世纪星数控系统的连接图,采用数控系统控制时具体做法如下:

（1）按照图4-8进行上述连接确认无误后,接通各部分电源;

（2）参照手操键盘给定方式的步骤,将参数 A01 和 A02 均恢复为 01（缺省值）;

（3）通过由华中世纪星的主轴控制命令,控制变频器的运行。例如:在 MDI 下执行 M03S500,电机就会以 500r/min 正转。

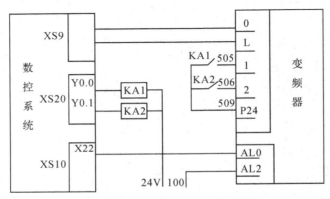

图 4-8 数控系统与变频器连接图

四、实训总结

（1）变频器参数设置与调整。

（2）变频器控制线路的连接。

五、实训后感

学生后感	教师点评

项目五　华中数控主轴驱动系统连接与故障诊断实训

任务一　变频器智能端口的使用

一、实训目的

(1)能看懂驱动系统电路图。
(2)会使用变频器智能端口。

二、实训设备

(1)数控综合实验台 1 台。
(2)万用表 1 只,2mm 一字起子 1 把。
(3)PC 键盘 1 个。

三、实训步骤

1.华中数控系统与主轴驱动系统连接
具体的数控系统及主轴驱动系统连接情况如图 5-1 所示。

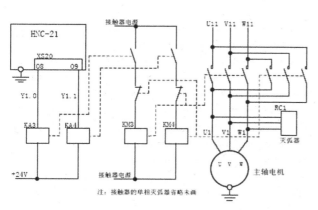
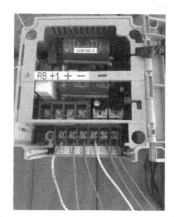

图 5-1　数控系统及主轴驱动系统连接图

2.变频器智能端口的使用
端口 1—6 为相同的一般用途可编程输入端。输入电路可以使用变频器内部隔离的

＋24V(P24)供电。如图 5-2 所示,可利用一个开关(或跳线器)来激活已编程的输入端,如使用外部电源,其接地端可连接至变频器的 L 端的"L"完成逻辑输出输入电路,使用底端的"L"完成模拟的 I/O 电路。

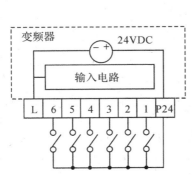 

图 5-2 开头激活输出端图

(1)利用智能端口控制主轴正反转运行。

本变频器具有 6 个智能端口,可以利用其中任意的两个提供正反转信号。

如果想使用端口 1 和 2 来进行控制,那么可以把参数 C01 和 C02 的数值分别修改成 00 和 01,然后将控制主轴正反转的信号线 505、506 接到端口 1 和 2 上,如图 5-3 所示。当 505 接通时,主轴正转;506 接通时,主轴反转;两个都不接通时电机停止。

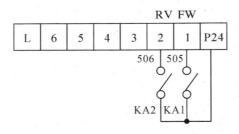

图 5-3 端口 1 和 2 控制主轴图

如果想利用智能端口 5 和 6 来控制主轴正反转,那么可以把参数 C05 和 C06 分别设为 00 和 01,然后将控制主轴正反转的信号线 505、506 接到端口 5 和 6 上,如图 5-4 所示。当 505 接通时,主轴正转;506 接通时,主轴反转;两个都不接通时电机停止。

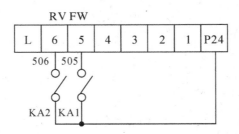

图 5-4 端子 5 和 6 控制主轴图

(2)利用智能端口控制变频器的速度。

变频器一般情况下是通过模拟电压或模拟电流来对变频器的输出频率进行调节,也可以通过调节变频器的参数来对变频器的输出频率进行控制,来改变电机的控制速度。这里,再介绍另外一种速度控制方式,即利用变频器的智能端口来对变频器的速度进行控制。

可以利用 4 个智能端口提供 16 个目标频率进行选择,这 16 个目标频率由参数 A20—A35 进行设定,参数 A20—A35 分别对应速度 1—速度 16。选择哪个速度是由控制速度的智能端口的状态进行确定:

①将智能端口 1—4 的数值分别设为 02,03,04,05,这 4 个智能端口就可以对速度进行选择控制。

②利用参数 A20—A35,设定 16 种不同的速度。

③如图 5-5 所示,利用实验台所提供的乒乓开关进行接线。

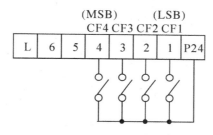

图 5-5 乒乓开关图

④利用乒乓开关给变频器的智能端口提供不同的状态,见表 5-1 所示。不同的状态应该对应不同的速度,进行实际操作观察变频器的输出频率是否和智能端口给定的频率一致。

表 5-1 乒乓开关表

多段速度	输入端口状态			
	CF4	CF3	CF2	CF1
速度 1	0	0	0	0
速度 2	·0	0	0	1
速度 3	0	0	1	0
速度 4	0	0	1	1
速度 5	0	1	0	0
速度 6	0	1	0	1
速度 7	0	1	1	0
速度 8	0	1	1	1
速度 9	1	0	0	0
速度 10	1	0	0	1
速度 11	1	0	1	0

多段速度	输入端口状态			
	CF4	CF3	CF2	CF1
速度 12	1	0	1	1
速度 13	1	1	0	0
速度 14	1	1	0	1
速度 15	1	1	1	1
速度 16	1	1	1	1

注意：(1)当多段速度设定编程时,确认每次设定后按"str"键,然后再设定下一个速度设置,否则数据未设定;(2)当多段速度设定超过 50Hz 时,必须对最大频率 A04 编程,使其高过设定频率。

四、实训总结

(1)每位学生完成一次正反转。

(2)通过连接得出 16 种速度,并记录哪种连接速度最快,哪种速度最慢。

五、实训后感

学生后感	教师点评

任务二　通过变频器控制时电动机所表现出的特性

一、实训目的

(1)了解变频器各个特性。

(2)能调节出电动机各个特性。

二、实训设备

(1)数控综合实验台 1 台。

（2）万用表 1 只,2mm 一字起子 1 把。

（3）PC 键盘 1 个。

三、实训步骤

1.变频器控制方式为压频比下机械特性测试

（1）将感应电动机与磁粉制动器用联轴器连接起来,接通三相输入电源,参考项目六任务一的参数设置步骤,设置参数 A44 为"00",用手操键盘给定方式启动电动机使其进入运转状态,改变参数 F01 的参数值,调节给定频率至 2Hz。

（2）当电机旋转起来以后,增加磁粉制动器的励磁电流,磁粉制动器就可以提供一定的扭矩。

（3）输出频率为 2Hz 的时候,逐渐增加电机的负载扭矩,利用显示参数 D02,观察输出相电流的变化,并填入表 5-2 相应的位置。

表 5-2　输出电流（D02）

所测项目 ＼ 所加扭矩（N·m）	1	2	3	4	5
输出电流					
运行状态					
结　论					

注意:测试时电机如果出现堵转现象,时间不能过长,应及时将负载降下来,以免对变频器或电机造成损坏,且所加负载最大不能超过 7NM。

（4）最大输出扭矩的测试,测试变频器在不同频率下所能够提供的最大扭矩。如表 5-3 所示,给定了几组频率,在给定的固定频率下逐渐加大负载,直到电机堵转为止。

表 5-3　固定频率时间的变化

所测项目 ＼ 输出频率（Hz）	1	2	5	10	20
输出电流					
电机最大扭矩					
结　论					

注意:在增加负载时,电机所加负载最大不能超过 7NM,且电机过载时间不能过长。

2.矢量控制电动机低频时的机械特性测试

矢量控制实现的基本原理是通过测量和控制异步电动机定子电流矢量,根据磁场定向原理分别对异步电动机的励磁电流和转矩电流进行控制,从而达到控制异步电动机转矩的目的,如图 5-6 所示。

图 5-6 矢量控制电动机低频图

(1)设置参数 A44 为 02,变频器的控制方式为"无传感器矢量控制"。

(2)用手操键盘给定方式启动电动机,改变参数 F01 的参数值,调节变频器的给定频率。

(3)当电机旋转起来以后,给磁粉制动器增加励磁电流,磁粉制动器就可以提供一定的扭矩。

(4)输出频率为 2Hz 的时候,逐渐增加电机的负载扭矩,利用显示参数 D02 观察输出相电流的变化,并填入表 5-4。

表 5-4 输出电流(D02)

所加转矩(NM) 所测项目	1	2	3	4	5
输出电流					
运行状态					
结 论					

注意:测试时电机如果出现堵转现象,时间不能过长,应及时将负载降下来,以免对变频器或电机造成损坏,且所加负载最大不能超过 7NM。

(5)最大输出扭矩的测试,测试变频器在不同频率下所能够提供的最大扭矩,如表 5-5 所示,给定了几组频率,在给定的固定频率下逐渐加大负载,直到电机堵转为止。

注意:在增加负载时,电机所加负载最大不能超过 7NM,且电机过载时间不能过长。

表 5-5 固定频率时的变化

输出频率(Hz) 所测项目	1	2	5	10	20
输出电流					
电机最大扭矩					
结 论					

四、实训总结

对变频器的性能进行测试,检测名组性能是否正常。

五、实训后感

学生后感	教师点评

任务三　变频器的初始化及参数设置

一、实训目的

(1)会调试变频器。

(2)会对变频器初始化。

(3)掌握变频器参数的设置。

二、实训设备

(1)数控综合实验台 1 台。

(2)万用表 1 只,2mm 一字起子 1 把。

(3)PC 键盘 1 个。

三、实训步骤

1. 变频器的初始化实验

一般来说,变频器的参数出厂时都已设置好,不需要改动。如果在调节变频器的过程中参数出现紊乱,可以利用此方法将参数恢复到出厂值,如图 5-7 所示。具体的操作过程如下:

(1)接通变频器三相(380V)输入电源,用基本操作面板(OPE-S)进行调试。把变频器所有参数复位为出厂时的缺省设置值。设置时首先将 B85 设置为 01(选择初始化模式),将 B84 设置为 01(初始化有效);

图 5-7　变频器操作面板

(2)首先同时按下"FUNC""⚠"与"▽"并不放;

(3)按住上述各键不放,然后再按下"STOP/RESET"达 3s 以上;

(4)只松开"STOP/RESET",直至显示 D01 并闪烁为止;

（5）现在松开"FUNC""△①"与"▽②"，001显示功能开始闪烁；

（6）闪烁完成后，显示出一个游动的浮标，最后停止游动，显示"D00"，表示初始化完成。

注意：变频器的参数在进行初始化完成以后，请勿运行变频器与电机，需要将变频器的参数重新设置，使变频器中的参数与所带负载电机的各种参数相匹配，然后再运行电机。

2.设置变频驱动器的参数

设置变频驱动器一些必要的参数以方便随时调用，不同变频器可能设置参数的代码不一样，但参数功能大致相同。下面列举了本实验所用电机的参数，将其输入到变频器ROM中。更多的参数参照附录。

电动机额定电压：A82：380V。

电动机额定功率：H03＝0.55kW。

电动机的磁极数：H04＝4极。

电动机额定频率：A03＝50Hz。

电动机最小频率：A15＝01（0Hz）。

电动机最大频率：A04＝60Hz。

斜坡上升时间：F02＝10s。

斜坡下降时间：F03＝10s。

关于变频器的几点补充说明：

（1）变频器只会降压，不能升压；

（2）变频器本身不是节能器，其节能是建立在原来不能调速造成浪费电能的基础上；

（3）变频器是一个电磁干扰器；

（4）变频器IGBT模块、主控板无法大规模国产化，价格居高不下；

（5）变频器成本差别很大，使用寿命差别也很大；

（6）变频器要求供电电源质量比较高；

（7）变频器的寿命并非无限，风扇及电解电容最先老化；

（8）变频器是强、弱电的结合体，主板电路精密。工作环境差及保养不好，则故障率高。

四、实训总结

（1）初始化过程中遇到什么困难？

（2）初始化过程中的注意事项有哪些？

（3）变频器与三相异步电机的常见故障现象，有哪些？补充如表5-6所示。

5-6　故障设置实验表

序　号	故障设置方法	故障现象	结　论
1	将变频器的三相电源断掉一相,运转主轴,观察现象,(注意从端口排处断开,注意安全)		
2	将异步电机的三相电源中的两相进行互换,运转主轴,观察出现的现象		
3	将变频驱动器的正反转信号互调,运转主轴,观察现象		
4	将主轴正反转信号取消,运行主轴,观察现象		

五、实训后感

学生后感	教师点评

附录

监视模式／基本命令设定模式

功能码		功能名称	监视／设定范围	初始值
监示	d01	输出频率监示	0.0~360.0Hz	—
	d02	输出电流监示	0.00~999.9A	—
	d03	电机转向监示	F（正转运行） r（反转运行） □（停止）	—
	d04	PID控制反馈数据监示	0.00~9 999	—
	d05	智能输入端子状态监示	显示端口的状态	—
	d06	智能输出端子状态监示	（输入,输出端子）	—
	d07	输出频率转换值监示	输出频率(Hz))* (b86所设频率转换值)	—
	d08	跳闸监示	—	—
	d09	跳闸历史监示	—	—
设定	F01	输出频率设定	0.5~360Hz	—
	F02	加速时间（1）设定	0.1~3 000s	10.0s
	F202	加速时间（1）设定（第2设定）	0.1~3 000s	10.0s
	F03	减速时间（1）设定	0.1~3 000s	10.0s
	F303	减速时间（1）设定（第2设定）	0.1~3 000s	10.0s
	F04	电机转向设定	00:正转／01:反转	00:正转

A 组扩展功能（频率设定相关功能）

功能码		功能名称	监视 / 设定范围	初始值
基本设定	A01	频率指令设定	• 频率调节旋钮（面板） • 控制端口 • 数字面板	控制端子
	A02	运行指令设定	• 控制端口 • 数字面板	控制端子
	A03	基本频率设定	50~360Hz	XXE 型：50.0Hz XXU 型：60.0Hz
	A203	基本频率设定（第 2 设定）	50~360Hz	XXE 型：50.0Hz XXU 型：60.0Hz
	A04	最大频率设定	50~360Hz	XXE 型：50.0Hz XXU 型：60.0Hz
	A204	最大频率设定（第 2 设定）	50~360Hz	XXE 型：50.0Hz XXU 型：60.0Hz
模拟量输入设定	A11	外部频率设定起始频率	0.0~360Hz	0.00Hz
	A12	外部频率设定终止频率	0.0~360Hz	0.00Hz
	A13	外部频率设定起点偏差率	0~100%	0%
	A14	外部频率设定终点偏差率	0~100%	100%
	A15	外部频率起动模式设定	A11 所设频率 / 0Hz	0Hz
	A16	频率指令采样率设定	1~8 次	8 次
多段速度设定	A20	多段速度设定（0 速）	0~360Hz	0Hz
	A220	多段速度设定（0 速）（第 2 设定）		
	A21 ︱ A35	多段速度设定(1 速至 15 速)		
	A38	寸动频率设定	0.00~9.99Hz	1.0Hz
	A39	寸动停止设定	• 自由停车 • 按所设减速时间停车 • 再生制动	自由停车

续　表

功能码		功能名称	监视/设定范围	初始值
V/F 特性设定	A41	转矩提升方法选择	手动/自动	手动
	A241	转矩提升法选择（第2设定）	手动/自动	手动
	A42	手动提升转矩设定	0~99	11
	A242	手动提升转矩设定（第2设定）	0~99	11
	A43	手动提升转矩频率调节	0.00~50.0%	1.5%
	A243	手动提升转矩频率调节（第2设定）	0.00~50.0%	1.5%
	A44	V/F特性调节	·恒转矩 ·降转矩 ·SLV矢量控制(*)	·恒转矩
	A244	V/F特性调节（第2设定）	·恒转矩 ·降转矩 ·SLV矢量控制(*)	·恒转矩
	A45	输出电压增益设定	50~100%	100%
直流制动	A51	允许/禁止直流制动	允许/禁止	禁止
	A52	直流制动频率设定	0.5~10Hz	0.5Hz
	A53	直流制动滞后时间	0.0~5 s	0.0 s
	A54	直流制动力	0~100%	0%
	A55	直流制动时间	0.0~60 s	0.0 s
频率上/下限，跨跳频率	A61	上限频率设定	0.0~360Hz	0.0Hz
	A62	下限频率设定	0.0~360Hz	0.0Hz
	A63	跳频设定1	0.0~360Hz	0.0Hz
	A64	跳频范围设定1	0~10Hz	0.5Hz
	A65	跳频设定2	0.0~360Hz	0Hz
	A66	跳频范围设定2	0~10Hz	0.5Hz
	A67	跳频设定3	0.0~360Hz	0Hz
	A68	跳频范围设定3	0~10Hz	0.5Hz
PID 控制	A71	PID控制允许/禁止	允许/禁止	禁止
	A72	P(比例)增益设定	0.2~5倍	1.0
	A73	I(积分)增益设定	0.0~150 s	1.0 s
	A74	D(微分)增益设定	0.0~100 s	0.0 s
	A75	PID控制转换率设定	0.01~99.99	1.00
	A76	反馈输入方法设定	电流/电压	电流
AVR	A81	AVR功能允许/禁止	允许/禁止/减速时禁止	减速时禁止
	A82	电机输入电压设定	200/220/230/240 380/400/415/440/460	欧美：230/240 北美：230/460
2段加/减速功能	A92	二段加速时间设定	0.1~3000 s	15.0 s
	A292	二段加速时间设定（第2设定）	0.1~3000 s	15.0 s
	A93	二段减速时间设定	0.1~3000 s	15.0 s
	A293	二段减速时间设定（第2设定）	0.1~3000 s	15.0 s
	A94	二段加/减速切换方式	端口/切换频率	端子
	A294	二段加/减时间命令选择（第2设定）	端口/切换频率	端子
	A95	加速切换频率	0~360Hz	0Hz
	A295	加速切换频率（第2设定）	0~360Hz	0Hz
	A96	减速切换频率	0~360Hz	0Hz
	A296	减速切换频率（第2设定）	0~360Hz	0Hz
	A97	加速曲线设定	线性/S-曲线	线性
	A98	减速曲线设定	线性/S-曲线	线性

B 组扩展功能（微调功能）

功能码		功能名称	监视/设定范围		初始值
瞬停重起动	b01	跳闸/再起动功能选择	跳闸/从 0Hz 重起动/由跳闸时的频率重起动/由跳闸时的频率停车		跳闸
	b02	允许欠压时间设定	0.3~25 s		1.0 s
	b03	允许欠压再起动滞后时间	0.3~100 s		1.0 s
电子热敏保护	b12	电子热继电器门限调节	50%~120% 额定电流	具体值应型号面定	变频器的额定电流
	b212	电子热继电器门限调节（第2设定）	50%~120% 额定电流	具体值应型号面定	变频器的额定电流
	b13	电子热继电器特性选择	降转矩/恒转矩		恒转矩
	b213	电子热继电器特性选择（第2设定）	降转矩/恒转矩		恒转矩
过载限制	b21	过载限制模式选择	00~02（代码）		01: 仅在加速与恒速下有效
	b22	过载限制门限设定	50%~120% 额定电流	具体值应型号面定	变频器的额定电流 × 1.25 另外监视范围为额定电流的 50%~150%
	b23	过载限制常数设定	0.3~30.0		1.0
软锁	b31	数据锁定模式选择	00~03（代码）		01
其他	b81	模拟表输出调节	0~255		80
	b82	起动频率调节	0.5~9.9Hz		0.5Hz
	b83	载波频率设定（kHz）	0.5~16kHz		5kHz
	b84	初始化模式选择	数据初始化/消除跳闸记录		只消除跳闸记录
	b85	初始值数据版本选择	01,02		XXE 型:01 XXU 型:02
	b86	频率转化值设定	0.1~99.9		1.0
	b87	允许/禁止 STOP 键	允许/禁止		允许
	b88	FRS 信号取消后运行方式选择	0Hz 起动/由电机此时转速对应频率起动		0Hz 起动
	b89	数字操作器（OPE-J）显示内容选择	01~07（代码）		01
	b90	再生制动电阻使用率设定	00~100.0		00
	b91	停止模式选择	减速停车/自由停车		减速停车
	b92	冷却风扇控制选择	开/关/停机时关		开

C组扩展功能（端口设定功能）

功能码		功能名称	监视/设下定范围		初始值
智能输入端口功能设定	C01	输入端口1功能设定	**代码** / **功码**		FW
	C02	输入端口2功能设定	00 FW（正转命令） 01 RV（反转命令）		RV
	C03	输入端口3功能设定	02 CF1（多段速度命令1） 03 CF2（多段速度命令2） 04 CF3（多段速度命令3） 05 CF4（多段速度命令4） 06 JG（寸动命令）		XXE 型：CF1 XXU 型：AT
	C04	输入端口4功能设定	07 DB（外部直流制动） 08 SET（第二设定功能） 09 2CH（2级加／减速时间） 11 FRS（自由停机命令）		XXE 型：CF2 XXU 型：USP
	C05	输入端口5功能设定	12 EXT（外部跳闸） 13 USP（自启动保护） 15 SFT（软件锁定） 16 AT（电压／电流模拟量输入选择） 18 RS（复位）		XXE 型：RS XXU 型：2CH
	C06	输入端口6功能设定	19 PTC（电机热敏输入） 27 UP（远程控制功能加速） 28 DWN（远程控制功能减速）		XXE 型：2CH XXU 型：RS
智能输入端口类型设定	C11	输入端口1类型设定	输入端子设定 NO:短路时 ON（动作） NC:开路时 ON（动作）		NO
	C12	输入端口2类型设定			NO
	C13	输入端口3类型设定			NO
	C14	输入端口4类型设定	• 输入ON状态 (NO) ⌐1~5 (NC) ⌐1~5		XXE 型：NO XXU 型：NC
	C15	输入端口5类型设定			NO
	C16	输入端口6类型设定			NO

C组扩展功能（端子设定功能）

功能码		功能名称	监视/设下定范围初始值		初始值
智能输出端口功能设定	C21	输出端口1功能选择	代码 功能 00 RUN（运行状态信号） 01 FA1（频率到达信号：到达某一恒定速度时） 02 FA2（频率到达信号：到达或高于设定速度）		FA1
	C22	输出端口2功能选择	03 OL（频率信号） 04 OD（PID控制偏差信号） 05 AL（报警信号）		RUN
	C23	监示讯号选择	A-F（模拟量输出频率监示） A （模拟量输出电流监示） D-F（数字式输出频率监示）		A-F
	C24	报警输出端口功能选择	代码 功能 00 RUN（运行状态信号） 01 FA1（频率到达信号：到达某一恒定速度时） 02 FA2（频率到达信号：到达或高于设定速度） 03 OL（频率信号） 04 OD（PID控制偏差信号） 05 AL（报警信号）		AL
智能输出端口类型设定	C31	输出端口11类型选择	输出端子设定		NO
	C32	输出端口12类型选择	NO:动作时闭合(ON时低电平) NC:动作时断开(ON时高电平)		NO
	C33	报警输出端口类型选择	NO:报警时AL0-AL2闭合 NC:报警时AL0-AL2断开		NC
智能输出端口相关功能设定	C41	过载预警门限	0-200% 额定电流	具体值应 型号面定	变频器额定电流
	C42	加速到达信号频率设定	0.0~360.0Hz		0Hz
	C43	减速到达信号频率设定	0.0~360.0Hz		0Hz
	C44	PID偏差信号输出门限设定	0.0~100.0%		3.0%
	C81	模拟表O调节	0~255		具体值因 型号面定
	C82	模拟表OI调节	0~255		具体值因 型号面定
其他	C91 ₗ C95	——————	厂方设定、切勿修改		

H 组扩展功能（无速度传感器矢量控制自整定功能）

	功能码	功能名称	监视/设定范围	初始值
无速度传感器矢量控制	H01	自整定模式选择	00~02（代码）	00
	H02	电机数据选择	日立标准电机/自整定	日立标准电机
	H202	电机数据选择（第二设定）	日立标准电机/自整定	日立标准电机
	H03	电机容量设定	0.1~3.7	根据变频器
	H203	电机容量设定（第二设定）	0.1~3.7	实际容量设定
	H04	电机极数设定	2/4/6/8	4
	H204	电机极数设定（第二设定）	2/4/6/8	4
	H05	电机速度控制响应常数设定	0~99	20
	H205	电机速度控制响应常数设定（第二设定）	0~99	20
	H06	电机稳定常数设定	0~255	100
	H206	电机稳定常数设定（第二设定）	0~255	100
电机常数	H20	电机常数 R1 设定	0~65.53	具体值因型号设定
	H220	电机常数 R1 设定（第二设定）	0~65.53	
	H21	电机常数 R2 设定	0~65.53	
	H221	电机常数 R2 设定（第二设定）	0~65.53	
	H22	电机常数 L 设定	0~655.35	
	H222	电机常数 L 设定（第二设定）	0~655.35	
	H23	电机常数 Io 设定	0~655.35	
	H223	电机常数 Io 设定（第二设定）	0~655.35	
	H24	惯性常数设定	0~655.35	
	H224	惯性常数设定（第二设定）	0~655.35	
自整定电机常数	H30	电机常数 R1 设定	0~65.53	
	H230	电机常数 R1 设定（第二设定）	0~65.53	
	H31	电机常数 R2 设定	0~65.53	
	H231	电机常数 R2 设定（第二设定）	0~65.53	
	H32	电机常数 L 设定	0~655.35	
	H232	电机常数 L 设定（第二设定）	0~655.35	
	H33	电机常数 Io 设定	0~655.35	
	H233	电机常数 Io 设定（第二设定）	0~655.35	
	H34	惯性常数设定	0~655.35	
	H234	惯性常数设定（第二设定）	0~655.35	

保护功能

功能	内　　容		数字操作器	远程操作器 /拷贝单元 ERR1****
过流保护（*1）	如果电机突然减速，变频器会受到大电流（再生电流）冲击，引起故障，当变频器检测到205%峰值电流时，即会进行过流保护。	恒速	E01	OC.Drive
		减速	E02	OC.Decel
		加速	E03	OC.Accel
		其它	E04	Over.C
过载保护（注1）	当变频器内部的热敏功能检测到电机过载时，变频器的输出被关断。		E05	Over.L
制动电阻过载	当再生制动电阻超过应用时间额定值时，由于BRD功能停止引起的过压被检测到，变频器输出被切断。		E06	OL.BRD
过压保护	当变频器直流侧的电压由于电机的再生能量而超过一定值时，这一保护功能将工作，切断变频器输出。		E07	Over.V
EEPROM错误（注2）	由于外部噪声，异常升温或其他原因使内存出错，保护功能会切断变频器输出。		E08	EEPROM
欠压保护	变频器输入电压降低会导致控制电路不能正常工作，还会使电机发热，转矩降低。		E09	Under.V
CT出错	当CT出现异常时，变频器输出被切断。		E10	CT
CPU错误	当变频器内部的误动作或异常会使变频器输出切断。		E11 E22	CPU1 CPU2
外部跳闸	外部设备的异常信号将使变频器输出切断。（当选择了外部跳闸功能时）		E12	EXTERNAL
USP错误	当变频器运行时，打开电源，会指示这一错误（当选择USP功能时）		E13	USP
接地故障保护	上电时，变频器输出和电机之间接地情况会受到检测，以保护变频器。也有可能是功率模块失效。		E14	GND.Flt
输入过压保护	当变频器的供电电压超过一特定值时，显示一错误信息。		E15	OV.SRC
过热保护	如果冷却风扇停止工作，主电路温度上升到一定程度即会关断输出。（只使用于含冷却风扇的型号）		E21	OH FIN
PTC错误	当外部热敏电阻的阻值过大，变频器检测到热敏电阻的异常情况并且切断输出。（当选择功PTC能时）		E35	PTC
欠压等待	如果变频器输入电压降低，输出关断后将保持一段时间的等待。		_.U	U.WAIT

项目六 步进驱动系统连接、性能测定及故障分析

任务一 步进驱动系统连接及参数设定调试

一、实训目的

(1)熟悉步进电动机的运行原理及其驱动系统的连接。
(2)熟悉参数的设置与系统的调试。

二、实训设备

(1)数控综合实验台 1 台。
(2)万用表 1 只,2mm 一字起子 1 把。
(3)PC 键盘 1 个。

三、实训步骤

1.步进电动机、驱动器、数控系统的连接

步进电动机(57HSl3 型)、步进电动机驱动器(M535 型)与数控系统(HNC-21TF)的连接如图 6-1 和图 6-2 所示。

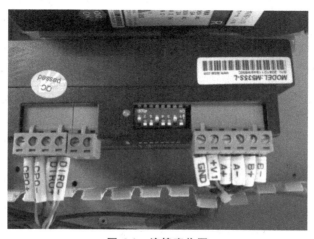

图 6-1 连接实物图

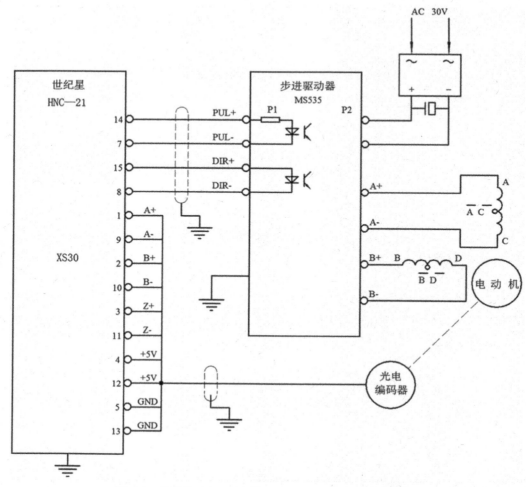

图 6-2 步进电动机、驱动器与 HNC-21TF 数控系统的连接

2.参数的设置与系统的调试

完成步进电动机、驱动器与 HNC-21TF 数控系统的连接后,就要设置参数和进行系统的调试。

(1)HNC-21TF 数控系统参数设置。

步进电动机有关坐标轴参数设置如表 6-1 所示,硬件配置参数设置表 6-2 所示。

表 6-1 坐标轴参数

参 数 名	参 数 值	参 数 名	参 数 值
外部脉冲当量分子	25	伺服内部参数[0][1]	步进电机拍数 4
外部脉冲当量分母	256	伺服内部参数[3][4][5]	0
伺服驱动型号	46	快移加减速时间常数	100
伺服驱动器部件号	0	快移加速度时间常数	64

续　表

参 数 名	参 数 值	参 数 名	参 数 值
最大跟踪误差	0	加工加减速时间常数	100
电机每转脉冲数	200	加工加速度时间常数	64

注:①步进电动机拍数。

表 6-2　硬件配置参数

参数名	型　号	标　识	地　址	配置[0]	配置[1]
部件 O	5301	46①	0	0	0

注:①不带反馈。

(2)M535 步进电动机驱动器参数设置。

①步进电机驱动器细分数的设定。

本驱动器提供 2—256 细分,在步进电机步距角不能满足使用的条件下,可采用细分驱动器来驱动步进电机,细分驱动器的原理是通过改变相邻(A,B)电流的大小,以改变合成磁场的夹角来控制步进电机运转的,如图 6-3 所示。

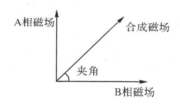

图 6-3　合成磁场

对驱动器所采用的细分数进行设定,拨码开关 5,6,7,8 可以选择驱动器的输出细分,如图 6-4 所示。如表 6-3 所示列出拨码不同的状态对应的输出细分数。

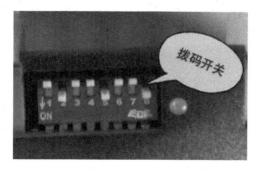

图 6-4　拨码开关实物图

表 6-3　输出细分数表

拨码开关　细分数	SW5	SW6	SW7	SW8
2	1	1	1	1
4	1	0	1	1
8	1	1	0	1
16	1	0	0	1
32	1	1	1	0
64	1	0	1	0
128	1	1	0	0
256	1	0	0	0

②步进电机驱动器的电流选择。

步进驱动器可以提供多种规格的相电流以供选择,可以驱动不同功率的步进电机,现在实验台所使用的步进驱动器可以通过本身的拨码开关来选择电机的相电流。

拨码开关 1,2,3 可以选择驱动器的电流大小,如表 6-4 所示可以看出其对应关系。

表 6-4　拨码开关 1,2,3 时的电流

拨码开关　电流 A	SW1	SW2	SW3
1.3	1	1	1
1.6	0	1	1
1.9	1	0	1
2.2	0	0	1
2.5	1	1	0
2.9	0	1	0
3.2	1	0	0
3.5	0	0	0

③半流功能的测试。

步进电机由于静止时的相电流很大,所以,一般驱动器都提供半流功能,半流功能的作用是当步进驱动器如果一定时间内没有接收到脉冲,那么它就会自动将电机的相电流减小为原来的一半,用来防止驱动器过热。

M535 驱动器也提供本功能,将拨码开关拨至 OFF,半流功能开;将拨码开关拨至 ON,半流功能关。

A.首先将半流功能打开,让驱动器带电的情况下静止 30min,测出此时的电机温度,并记录下来。

B. 待电机冷却后,将半流功能关闭,让驱动器带电的情况下静止 30min,测出此时的电机温度,并记录下来。

（3）系统的调试。

在线路和电源检查无误后,进行通电试运行,以手动或手摇脉冲发生器方式发送脉冲,控制电动机慢速转动,正转、反转,在没有堵转等异常情况下,逐渐提高电动机转速。

四、实训总结

（1）随着电流的变化电机有何变化？

（2）将两次所测的温度进行比较,我们得出了哪些结论？

五、实训后感

学生后感	教师点评

任务二　测定步进电动机的步距角

一、实训目的

（1）了解什么是步进电机的步距角。

（2）计算步进电动机的步距角。

二、实训设备

（1）数控综合实验台 1 台。

（2）万用表 1 只,2mm 一字起子 1 把。

（3）PC 键盘 1 个。

三、实训步骤

1. 步距角

电机的步距角表示控制系统每发送一个脉冲信号,电机所转动的角度。或者说,每输入一个脉冲电信号转子转过的角度称为步距角,用 θ_s 表示。

步距角,即在没有减速齿轮的情况下,对于一个脉冲信号,转子所转过的机械角度。也可以这样描述:定子控制绕组每改变一次通电方式,称为一拍;每一拍转子转过的机械角度称之为步距角,通常用 θ_s 表示。

常见的有 $3°/1.5°$,$1.5°/0.75°$,$3.6°/1.8°$。如对于步距角为 $1.8°$ 的步进电机(小电机),转一圈所用的脉冲数为 $n=360/1.8=200$ 个脉冲。

步距角的误差不会长期积累,只与输入脉冲信号数相对应,可以组成结构较为简单而又具有一定精度的开环控制系统,也可以在要求更高精度时组成闭环系统。

2.测定步进电动机的步距角

以手动方式发送单脉冲,从数控系统显示屏上记录工件实际坐标值,计算步进电动机的步距角:

$$\beta = \frac{\text{实际坐标值} \times 360°}{\text{脉冲数}(n) \times 4 \times \text{光电编码器线数}}(n>20)(\text{取最接近数值} \frac{360°}{\beta})$$

计算每一个步脉冲的实际坐标增量值,再按下式换算成实际步距角 β_n:

$$\beta_n = \frac{\text{单脉冲实际坐标增量值} \times 360°}{4 \times \text{光电编码器线数}}$$

由 β 和 β_n 可算出步距精度 $\Delta\beta[\Delta\beta=(\beta_n-\beta)/\beta]$,再将记录和计算数据填入表 6-5 中。

表 6-5　步距精度

脉冲列	1	2	3	4	5	6	7	8	9	10
坐标值(mm)										
实际步距角(°)										
步距精度(%)										
脉冲列	11	12	13	14	15	16	17	18	19	20
坐标值(mm)										
实际步距角(°)										
步距精度(%)										

四、实训总结

(1)完成表 6-5。

(2)复述步距角公式。

五、实训后感

学生后感	教师点评

任务三　测定步进电动机的空载启动频率

一、实训目的

(1)掌握启动频率的含义。

(2)测定步进电动机的空载启动频率。

二、实训设备

(1)数控综合实验台 1 台。

(2)万用表 1 只,2mm 一字起子 1 把。

(3)PC 键盘 1 个。

三、实训步骤

1.启动频率

变频器的工作频率为零时,电动机尚未启动;当工作频率达到启动频率时,电动机才开始启动。也就是说,电动机开始启动时(变频器开始有电压输出)的频率就是启动频率。这时,启动扭矩较大,启动的电流也较大。任何步进电机都有一定的启动频率,所谓的启动频率就是指电机在不丢步、不堵转的情况下能够瞬时启动的最大频率。

2.测定步进电动机的空载启动频率

利用数控系统来控制步进电机对其启动频率进行简单的测试。具体的测试方法如下:

(1)设置 X 轴的加减速时间常数为 2,并将快移与加工速度分别设为 6 000/5 000。

(2)在步进电机轴伸处作一标记,由世纪星设置步进电机整数转的位移和速度,使步进电机空载启动。

例如:已知在丝杠为 5mm 的情况下,如果想让电机转动一圈,那么可以给系统发出一个 5mm 的运行行程,在 MDI 方式下输入:

G91　G01　X5　F2 000

系统接收到命令后,应该发出一个让工作台移动 5mm 的指令,工作台移动 5mm,电机应该恰好转了一整圈。

注意:如果实验台安装的是车床软件,那么在给 X 轴提供运行指令的时候要注意是直径编程还是半径编程。

(3)步进电机处于静止状态下,执行上述运行指令,启动旋转一圈后停止,从轴伸标记判断步进电机是否失步或出现堵转现象。

(4)启动时步进电机没有失步或出现堵转,则提高速度参数 F 值再测试,直到某一临界速度,由此速度换算为脉冲频率,即为电机的空载启动频率。

例如,测出电机在 F2000 时出现堵转,电机的启动频率的计算方法为:

$2\,000(\text{mm/min}) = 100/3(\text{mm/s}) = 20/3(\text{r/s})$

已知电机每转 200 个脉冲,则电机的启动频率为:

$20/3(\text{r/s}) \times 200 = 1\,333.3(\text{Hz})$

即电机的最大启动频率为 1 333.3 Hz。

(5)在工作台上增加一定的负载(将刀架放在实验台上),按上述步骤测定步进电机的空载起动频率,并进行比较相同加减速的情况下,两者的起动频率有什么区别。

四、实训总结

将步进电机驱动器的电流减为原来的 1/3,再次按上述步骤测定步进电机的空载起动频率,并与前两次进行比较有什么区别,如表 6-6 所示。

表 6-6 空载启动频率表

加工加减速时间常数	2ms	4ms	64ms
空载启动频率			
加负载的情况下的启动频率			
减小电流后的启动频率			
结　论			

五、实训后感

学生后感	教师点评

任务四　步进驱动器装置的几种故障设置

一、实训目的

(1)会简单设定步进驱动器的装置故障。

(2)掌握几种故障的排除。

二、实训设备

(1)数控综合实验台 1 台。

(2)万用表 1 只,2mm 一字起子 1 把。

(3)PC 键盘 1 个。

三、实训步骤

步进驱动器装置的几种故障设置的实验,如表 6-7 所示。

表 6-7　故障设置实验表

序号	故障设置方法	故障现象	结论
1	将步进电机电源线 A+与 A−进行互换,进入系统让手动 X 轴运行,观察故障现象		
2	将步进驱动器的电流设定值调到最小,运行 X 轴与正常情况下进行比较		
3	将 X 轴的指令线中的 CP+、CP−进行互换,运行 X 轴与正常情况下进行比较		
4	将 X 轴的指令线中的 DIR+、DIR−进行互换,运行 X 轴与正常情况下进行比较		
5	将 X 轴的指令线中的 DIR+、DIR−任意取消一根,运行 X 轴与正常情况下进行比较		
6	只将线圈 A、B 与步进驱动器连接,将 C、D 两线圈与驱动器断开,运行 X 轴,观察现象		
7	只将线圈 A、C 与步进驱动器连接,将 B、D 两线圈与驱动器断开,运行 X 轴,观察现象		

四、实训总结

掌握各个故障的特性,并根据故障的特点排除故障

五、实训后感

学生后感	教师点评

项目七 华中数控交流伺服驱动系统连接、调试及故障分析

任务一 世纪星 HNC-21TF 配伺服驱动的参数设置

一、实训目的

(1)掌握伺服驱动的主电路接线方法。

(2)掌握伺服驱动的参数设置。

二、实训设备

(1)数控综合实验台 1 台。

(2)万用表 1 个,2mm 一字起子 1 把。

(3)PC 键盘 1 个。

三、实训步骤

1. 主回路接线

如图 7-1 所示,进行以下操作:

(1)连接(或检查)r,t 及 L_1,L_2,L_3 与电源的接线;

(2)连接(或检查)伺服驱动器 U,V,W 与伺服电动机 A,B,C 之间的接线;

(3)连接(或检查)伺服电动机位置传感器与伺服驱动器的连接电缆;

(4)连接(或检查)伺服 ON 控制线及开关。

2. 世纪星 HNC-21TF 配伺服驱动时的参数设置实验

数控系统控制伺服驱动器时,需要对系统参数进行必要的设置,才能够正常控制伺服驱动器。可以如表 7-1 所示对伺服电机设置有关坐标轴参数,如表 7-2 所示设置硬件参数。

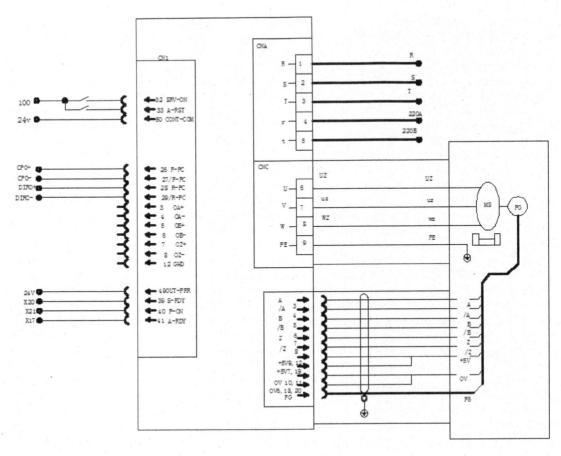

图 7-1　主回路接线图

表 7-1　坐标轴参数

参数名	参数值
外部脉冲当量分子	5
外部脉冲当量分母	2
伺服驱动型号	45
伺服驱动器部件号	2
最大定位误差	20
最大跟踪误差	0—60 000
电机每转脉冲数	2 000
伺服内部参数[0]	0
伺服内部参数[1]	1
伺服内部参数[2]	1
伺服内部参数[3][4][5]	0

参　数　名	参数值
快移加减速时间常数	100
快移加速度时间常数	64
加工加减速时间常数	100
加工加速度时间常数	64

表 7-2　硬件配置参数

参数名	型号	标识	地址	配置[0]	配置[1]
部件 0	5301	带反馈 45	0	50	0

四、实训总结

(1)记录各个数据设定的步骤。

(2)绘制伺服驱动主线的接线图。

五、实训后感

学生后感	教师点评

任务二　伺服驱动器的调节

一、实训目的

掌握伺服驱动器空载下调试及运转。

二、实训设备

(1)数控综合实验台 1 台。

(2)万用表 1 只,2mm 一字起子 1 把。

(3)PC 键盘 1 个。

三、实训步骤

实验台所选用的三洋驱动器操作面板有 4 个按键,如图 7-2 所示,其功能如表 7-3 所示,可以通过这 4 个按键来进行参数的修改和调试。

伺服驱动器分为两种控制方式:系统控制方式和伺服面板控制方式。系统控制方式参数 Gr9.05 应设置为 02,伺服面板控制方式参数 Gr9.05 应设为 03。

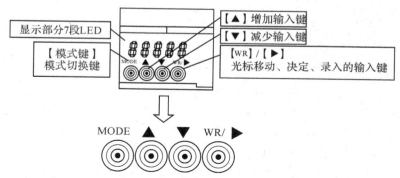

显示部分7段LED

【模式键】模式切换键

【▲】增加输入键
【▼】减少输入键
【WR】/【▶】光标移动、决定、录入的输入键

MODE ▲ ▼ WR/ ▶

图 7-2 三洋驱动器操作面板图

表 7-3 三洋驱动器操作面板按键说明表

键 名	标 志	输入时间	功 能
确认键	WR/▶	1s 以上	确认选择和写入后的编辑数据
光标键	▶	1s 以内	选择光标位
上键	▲	1s 以内	在正确的光标位置按键改变数据,当按下 1s 或更长时间,数据上下移动
下键	▼	1s 以内	
模式键	MODE	1 秒以内	选择显示模式

空载下调试及运转。

在没有控制系统的情况下,为了判断伺服驱动系统的功能是否正常,可以直接利用伺服驱动器对电机进行控制。实验台的 Z 轴采用的是伺服电机,可以完成此项功能的测试。

具体调试步骤如下:

①按下 MODE 键显示测试模式〈Ad—〉,然后选择页面屏幕〈Ad 00〉,通过上下键来增加和减少数值;

②监控模式各页码说明如表 7-4 所示;

表 7-4 监控模式页码说明表

MODE	页码	功能描述
Ad	00	执行 JOG 运转
	01	执行报警复位
	02	写入自动调谐的结果
	03	执行编码器清零
	04	执行报警记录清零

③按"WR"键 s 以上,数码显示为"y__n"后选择 yes,按"▲"键,数码显示为"rdy",按

"▼"键,回到"Ad"。按 WR 键 s 以上,伺服处于开通状态,显示"8",然后按 up 键电机按正方向运转,按 down 键时电机按反方向运转,按 MODE 键结束,先是"AL.dF"。

四、实训总结

(1)对伺服驱动器进行有效调节。

(2)对本次实验遇到的困难进行记录。

五、实训后感

学生后感	教师点评

任务三　交流伺服驱动器的部分故障设置

一、实训目的

(1)会识别交流伺服驱动器的部分故障。

(2)会设置交流伺服驱动器部分故障。

二、实训设备

(1)数控综合实验台 1 台。

(2)万用表 1 只,2mm 一字起子 1 把。

(3)PC 键盘 1 个。

三、实训步骤

故障设置中具体方法如表 7-5 所示。

表 7-5　故障设置表

序号	故障设置方法	故障现象	结论
1	将伺服驱动器的控制电源中的 24V 断开,运行 Z 轴,观察系统及驱动器的现象		
2	将系统的输出信号 Y17 断开,运行 Z 轴,观察系统及驱动器的现象		

续　表

序号	故障设置方法	故障现象	结论
3	将伺服驱动器的码盘线人为地松动或断开,观察系统及驱动器的现象		
4	将伺服驱动器的电源线拆掉一相,观察伺服电机运行状态		
5	将伺服电机的电源线拆掉一相,观察电机运行状态		
6	将伺服驱动器上面的直流短接端口拆下,观察伺服状态		
7	将伺服驱动器的电源线其中两相换相,观察伺服电机运行状态		

四、实训总结

(1)分析交流伺服驱动器各种故障产生的原因。

(2)对各种故障能进行有效排除。

五、实训后感

学生后感	教师点评